我的宠物书

[法] 瓦蕾莉·塔玛　编著

袁阳　译

猫在想什么
通用喵星语
解读图鉴

中国农业出版社

CHINA AGRICULTURE PRESS

北京

U0380747

www.rustica.fr
www.fleuruseditions.com

目 录

10套测试

理解爱猫

以下测试展示了爱猫眼睛、眼睑、耳朵、胡须、尾巴、体态、叫声和做标记等各种不同情绪或行为下的不同姿态，能够让你与爱猫之间的理解与交流更为顺畅。让你更好解读爱猫发出的信号。

注意：对测试1～6中的插图，请把关注点聚焦在我们所探讨的头部或身体上，其他可能存在的生理表现，比如其中一幅图显示出放大的瞳孔和竖立的耳朵，这在现实中很少见到。可以不作重点考虑。

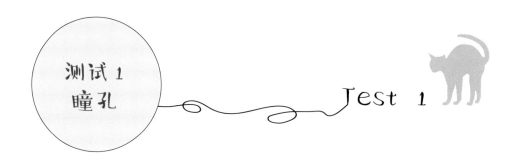

在每幅图下方的空白方框内标出P7情景中与瞳孔的状态相符的序号。

A.情景 ☐

B.情景 ☐

C.情景 ☐

D.情景 ☐

情 景
LES SITUATIONS

① 猫咪睡在沙发上，而你打开电视。

② 周日，它在椅子上休息，眼睛却盯着你看书。

③ 一只苍蝇飞来落在旁边的墙壁上，猫咪准备捉住它。

④ 你刚刚打开一盒猫罐头。

⑤ 你在它面前抖动细绳，它就异常兴奋。

⑥ 你一直抚摸了它好几分钟，它不再发出呼噜呼噜声。

⑦ 你下班回家，它会一边叫着一边靠着圆桌脚蹭来蹭去来
迎接你。

⑧ 一个庞然大物刚刚在它身边掉下来，发出巨大的声响。
它吓了一跳，毛都竖了起来。

⑨ 夏日的中午，它在洒满阳光的露台上睡成一条直线。

⑩ 邻家猫咪横穿你家花园，你的猫咪透过窗户看见它，好
像很生气。

正确答案

每个正确答案计1分。把得到的分数加起来，再参阅第32和62页的解析。

⊛Ⓐ②⑨

在休息②或光线充足⑨的情况下，猫咪的瞳孔细长如缝，我们称为"瞳孔收缩"。其实，瞳孔会根据光线来进行自我缩小和放大，这样视网膜可以获取最佳光量以保证良好视觉。

⊛Ⓑ⑦

你的猫咪在放松高兴的同时仍保持警惕。跟它在休息时相比，瞳孔会变得稍大，不过它相当冷静。

⊛Ⓒ①③④⑥

瞳孔放大存在两个原因：一是光线不足——瞳孔的扩张可以让光线进入并直达视网膜；二是提高警惕。受到惊扰①、潜伏时的高度集中③、食物带来的刺激④、不快或恼怒⑥时，我们都能看到猫咪这样的眼神。

⊛Ⓓ⑤⑧⑩

放大的瞳孔（或"瞳孔放大"）表明猫咪带有特别强烈的情绪，因此在受到游戏⑤、恐惧⑧和愤怒⑩的刺激下，它的行为很可能会失控。

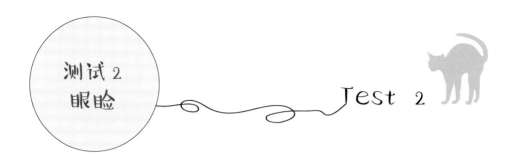

在每幅图下方的空白方框内标出P11情景中与眼睑的状态相符的序号。

A.情景 ☐

B.情景 ☐

C.情景 ☐

D.情景 ☐

情 景

LES SITUATIONS

① 你抚摸猫咪的下巴，它发出"呼噜呼噜"的声音。

② 邻居家的狗狂吠，有人走进房子……你的猫咪正在暗中观察。

③ 朋友带狗来你家。这只狗立刻猛冲过来想和你家猫咪玩，可猫咪却被逼到走廊尽头无路可退。面对狂叫不止的狗，它竖起了全身的毛。

④ 你在桌边快速移动手指以吸引它过来玩……

⑤ 你对着墙壁摇动激光笔，你的猫咪到处乱跑试图捕捉光的踪迹。

⑥ 你到了兽医那里，打开装有猫咪的猫包，可它却躲在猫包最靠里的地方。

⑦ 你的猫咪对另一只猫咪大发脾气。

⑧ 它从寄养所回来后眼睛就发红。它得了鼻炎。

⑨ 你在吃鸡肉，这让你的猫咪发狂。它开始喵喵叫着也想要一块。

⑩ 你的猫咪卧在沙发上……你叫它，它看看你伸了伸四肢。

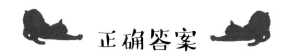

正确答案

☺A①⑧⑩

当猫咪的眼睑半开半闭，这表示它完全冷静放松，不处于戒备状态，因此并不需要察看自己周围发生了什么。它可以不时愉快地闭上眼睛：尽享与主人的温存一刻①，或是在一个安全的地方静静休憩，舒适惬意⑩。然而，当它患上眼疾，比如病毒性结膜炎时⑧，只要眼睛发炎充血，分泌泪液起润滑作用来保护角膜的眼睑就会几乎关闭。

☺B④

如果出现视觉的④、声音的、触觉的或是嗅觉的刺激，猫咪的警惕性也会提高：为了扩大视野，它会睁开眼睑，瞪圆眼睛。

☺C②⑤⑥⑨

这只猫咪睁开眼睑，因为它处于高度警惕②或兴奋状态，比如在游戏情境中⑤。但它也可能是闻到了自己喜爱的食物的味道⑨或者是它有些害怕，比如在兽医那里⑥。它的情绪激动，不过还在可控范围之内。

眼睑打开到如此程度,似乎它的眼球就要夺眶而出了。其实,在极度恐惧③或异常愤怒⑦的情况下,猫咪会情绪失控:它的目光就如同一只气急败坏的野兽,眼睑完全撑开,眼球也几乎要爆出来了。

这是什么节目呀?

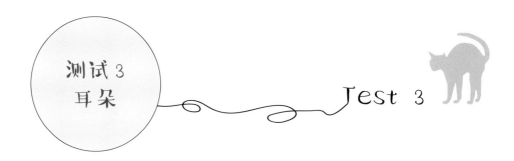

在每幅图下方的空白方框内标出 P15 情景中与耳朵的位置相符的序号。

A. 情景 ☐

B. 情景 ☐

C. 情景 ☐

D. 情景 ☐

情 景
LES SITUATIONS

① 你拿着棉棒走近你的猫咪，想为它清洁耳朵，而它却蜷缩在房间的角落里。

② 一只山雀刚刚停落在露台上。

③ 你的猫咪上次去做宠物美容时，狠狠地咬了宠物美容师。

④ 你朋友的猫咪不是很喜欢被抚摸：你伸出手去抚摸它，它表现得很不情愿。

⑤ 你的猫咪坐在面朝花园的窗户前，向外望去。

⑥ 你刚刚收养的小猫盯着你的鞋带，它用爪子拨弄着玩耍。

⑦ 你的猫咪坐在自己最喜欢的沙发上梳理毛发，接着再打个盹儿。

⑧ 你在猫咪身后的沙发上看书时，它正望向窗外。你翻动了一页书，它没有回头却把注意力转向了你。

⑨ 你的狗靠近朋友家猫咪的牛奶碗，于是遭到这只狂怒的猫咪的猛烈攻击。

⑩ 你的猫咪玩耍时，有时会变得恼怒而具有攻击性。

正确答案

每个正确答案计 1 分。把得到的分数加起来，再参阅第 32 和 62 页的解析。

⑧Ⓐ⑤⑦

耳朵处于中间的位置。你的猫咪保持警觉，但很冷静。它不露声色地聆听、观察并分析着⑤，也可能是忙于某项日常工作，比如梳洗⑦、喝水或是睡觉。在这种状况下，猫咪的行为在可控制范围。

⑧Ⓑ②⑥

在突如其来的外界刺激下，猫咪的注意力会增强，它的耳廓也会转向声音传来的方向，可能是猎物出现了。它潜伏着②或者攻击让它变得格外激动的东西，比如在游戏过程中⑥。

⑧Ⓒ①④⑧⑩

如果你的猫咪耷拉着耳朵，这可不是好兆头，因为这说明有什么讨厌的事情让它害怕①④，或者它有些恼火，就像偶尔在游戏当中那样⑩。即使声音的刺激很小，猫咪的耳廓也会朝着声源的方向转去。这让它可以分析出现的是哪种刺激。因此，出现状况⑧时，它并不需要回头，感觉必要时它才会回头。

　　假如你的身边有一只猫咪，它的双耳完全向后紧贴，那你就要立刻停止与它的一切接触。因为猛烈袭击即将发动。其实，这只猫咪已经失控，因为它正处于一种惊恐的状态中，这会让它变得犹如野兽一般③，也会让它极度愤怒⑨。

我是只佛系猫咪呀，对，是我！

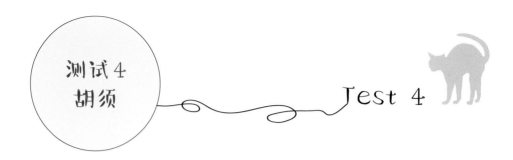

在每幅图下方的空白方框内标出P19情景中与胡须的位置相符的序号。

A. 情景 ☐

B. 情景 ☐

C. 情景 ☐

D. 情景 ☐

情 景

LES SITUATIONS

① 你在换沙发的靠垫，猫咪坐等你换好再上去。

② 你抚摸猫咪的下巴，它发出"呼噜呼噜"的声音。

③ 你把橘子皮放在猫咪的鼻子前面。

④ 你的猫咪互相打起架来：它们面对面，发出"嗷"的恐吓声，耳朵向后紧贴，瞳孔放大。

⑤ 你的猫咪很喜欢你刚刚放进客厅里的植物：它绕着花盆玩起了叶子。

⑥ 它很高兴：把头靠向客厅里的桌腿蹭来蹭去……

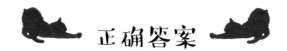

正确答案

每个正确答案计1分。把得到的分数加起来，再参阅第32和62页的解析。

⑤🅐②⑤⑥

许多情况下猫咪的胡须都会向前探：

你的猫咪对它闻到的食物特别感兴趣⑤。

你抚摸猫咪的下巴，它的胡须会不由自主地向前探②，在它喜欢这种爱抚时尤其如此。

你的猫咪会在家具的一角上磨蹭，这是它在做简易的标记，而在此之前它也会把胡须凑向前并闻一闻⑥。

⑤🅑①

在休息或者在冷静警戒而又平静等待的状态下①，猫咪的胡须就如同它的耳朵一样处于中立位置。

⑤🅒③

为了避开某种难闻的气味③或是令其不悦的东西，猫咪都会后退一步，重点是把胡须向后压低。

⑤🅓④

特别生气④或害怕时，猫咪会在进攻之前把耳朵和胡须完全向后紧贴。

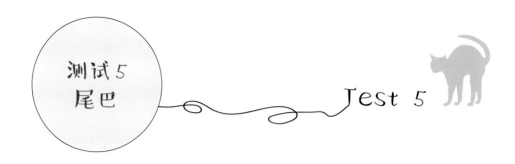

在每幅图下方的空白方框内标出P23情景中与尾巴的位置和动作相符的序号。

A. 情景

B. 情景

C. 情景

D. 情景

情 景
LES SITUATIONS

① 你的猫咪坐在花园的桌子上，一眼瞧见隔壁花园里那个不喜欢猫的邻居……它盯着这位邻居，心生不悦。

② 你往猫咪的饭碗里倒了些猫粮，它听到这个熟悉的声音就快速冲了过来……

③ 要和你共度一周假期的朋友刚到你家，他带的猫咪从猫包里出来后就在自己找到的房间里走动。

④ 前门突然开了，你那刚刚还坐着的猫咪惊跳了起来，一边横着走一边对着进来的人发出"嗷"的恐吓声。

⑤ 你抚摸着朋友的猫咪，它并不总是很随和。不但没有发出"呼噜呼噜"的声音，耳朵还微微向后转去。

⑥ 你的猫咪看见一只苍蝇趴在玻璃窗上：它紧紧盯着它，观察着……

⑦ 你的猫咪很喜欢你的狗，经常在它的脖子上蹭来蹭去。

⑧ 你的猫咪在花园里踱来踱去，四处丈量着，好像这是它的地盘儿。

⑨ 四只小猫正在玩追逐的游戏，打闹着，其中一只斜着向前跳向自己的一个兄弟。

⑩ 你的猫咪还没有做绝育。有时，它会在花园里闻闻爬在墙上的常春藤，再转个身，抬抬后腿把尿液喷射在上面。

正确答案

⑤Ⓐ②⑦⑩

当你的猫咪竖起尾巴，有时其末端也垂直落下，仿佛手杖一般，这表示它很高兴，因为有东西可以吃了②。或者是它看见了一个喜欢的家伙，比如家里的狗⑦，为表达它的喜爱之情，它会上去磨蹭磨蹭。另外，在尿液标记之前，也就是当猫咪准备把尿液喷射在某个直立的物体上时，它会立起那条轻微颤动的尾巴⑩。

⑤Ⓑ③⑧

如果你的猫咪处于正常的活动中，这时的它也没有什么特别的情绪——可能它正在探索一个还不熟悉的新地方③，或是在花园里走动⑧——这时，它的尾巴会压得很低，十分灵活，唯一起的是保持行走时的平衡的作用。

⑤Ⓒ④⑨

当猫咪尾巴上的毛都竖起来，这是在危险情形下伴有恐惧情绪的表现，这时，它的体内的肾上腺素分泌有所增加，因此，你的猫咪会对一个突然闯入它地盘的不速之客感到惊讶④⑨，它会采用一种特殊的姿势：拱起后背，身上尤其是尾巴上的毛完全立起，再像螃蟹一样斜着跳跃。

⑤D①⑤⑥

与狗相反,猫摇尾巴可不是好兆头,这表明:它不高兴、感到厌烦甚至已被激怒①,或许它并不想要我们抚摸它⑤。还有可能是它略感沮丧而又备受刺激,因为它抓不到一只小猎物或一个玩具⑥。

如果没人听我说话,我就走啦!

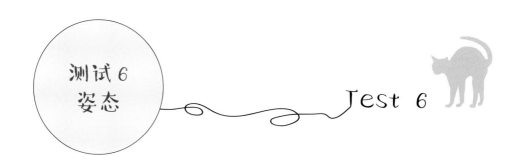

在每幅图下方的空白方框内标出P28情景中与猫咪的姿态
相符的序号。

A.情景 ☐

B.情景 ☐

C.情景 ☐

D.情景 ☐

E.情景 [　　]

F.情景 [　　]

G.情景 [　　]

H.情景 [　　]

情 景
LES SITUATIONS

① 你买东西回家时给孩子带了个毛绒玩具，猫咪却不敢靠近它。

② 猫咪卧在你膝盖上发出"呼噜呼噜"的声音，随后翻身躺着露出它的肚皮。

③ 你朋友的猫咪很有攻击性：当你穿过走廊时它会抓你的脚踝。

④ 你的猫咪害怕孩子：一有孩子靠近，它就会发出"嗷"的恐吓声。

⑤ 猫咪看见你拿了瓶牛奶，就明白你会在它的碗里倒上一些。

⑥ 猫咪在兽医的检测台上，随即侧躺下来……

⑦ 你邻居的狗不小心溜进你家，它还没看到你的猫咪，而你的猫咪刚刚瞥见它！

⑧ 猫咪生病了，它似乎对什么都不感兴趣。

⑨ 你的猫咪刚刚入住新家……

⑩ 你搬进一个新公寓才两天，而你的猫咪却已经习惯了。

正确答案

☺A⑤⑩

这种愉悦的温柔体态是猫咪特有的。高兴时它会竖起尾巴，紧接着可能会用头和身体来蹭我们。猫咪感到快乐时的这种摩挲是一种亲密的表现，意思是"我觉得很舒服，我非常爱你"⑤。或者是"我在这里很好，我很喜欢这个台子"⑩。你的猫咪有一点儿兴奋，它很开心。

☺B②

露出肚皮的猫咪并不总是放松的。它耳朵的位置、瞳孔的大小和眼睑的开合会告诉我们它放不放松、高不高兴，或者要不要我们摸它的肚皮。这个姿势也可能暗示着一个即将发起的进攻。有些很放松的猫咪会仰躺着睡觉，四肢完全伸展，但大部分时间，猫咪都是侧躺着睡觉，身体蜷缩成一团，脑袋紧贴着后肢的末端。

☺C⑥

与上一种情形相反，你的猫咪很紧张：它的耳朵耷拉下来，瞳孔变得很大；它感到恐惧，也可能处于防卫状态。我们称之为防御姿势。它能够迅速做出反应，因为它的爪子已经准备好攻击。

⑤D⑲

你的猫咪处于高度警戒状态。它深感危机四伏、惴惴不安，小心翼翼地探察着这个不知为何物的东西①或者这个尚未被它标记的地方⑨。当明白这是什么或者在做过标记之后⑨，它就会放松，不再担心。

⑤E⑦

这一情景与领地攻击行为相对应。你的猫咪采用了进攻姿态：躯干呈倒U形，四肢绷紧，两耳向后紧贴，瞳孔放大，毛都竖起，尾巴下压，低声怒啸，恐吓声声。目的就是立即赶走这个刚刚闯入它地盘的不速之客。

⑤F④

你的猫咪处于恐惧或害怕的状态。它蜷缩成一团，好像期待被遗忘似的。这个让它害怕的人越靠近，它就蜷缩得越紧，耳朵紧贴在脑袋后侧，瞳孔放大。有时，为了让面前这个"入侵者"后退，它会发出"嗷"的恐吓声。我们称之为出于恼怒的间离型攻击——即旨在保持一定距离，这就是防守进攻。

⑤G⑧

你的猫咪采用了一个食肉类动物伏猎的姿势。它潜伏不动，两眼紧紧锁定目标。一旦猎物触手可及，它就向其猛扑过去牢牢捉住。特别是在你的猫咪处于十分警觉的状态下，一个走动的人的脚踝看起来很像蹦蹦跳跳的小型猎物。一般来说，所有的猫咪深夜里都是这样。这时，在自然界中，一些夜间哺乳动物活跃起来，于是它们就成了猎手猫咪的潜在猎物。

一只患病的猫咪经常摆出狮身人面像的姿势。这个姿势好比镇痛剂，也就是说它可以为半梦半醒间的猫咪尽可能地缓解疼痛。它的脑袋耷拉着，也许是疲惫不堪，也许是抑郁消沉。但这也是个休息的姿势，不过在这种情况下，猫咪的睡眠不是很深。

哇哦！这些测试真的是太太太太有意思了！

你的成绩:

你仔细观察了爱猫吗?

统计在测试1~6中获得的总分并参阅相应的解析。

0~14分:

哎!是不是你误解了游戏的规则?没有吗?那好像你不是很了解猫咪,尤其是它们平日的眼神、耳朵的位置、尾巴以及躯干的姿态。如果你不了解你的猫咪,它就可能会被误解,从而引发不必要的冲突。再认真阅读一遍每套测试的答案解析,给自己几天时间来观察爱猫,重新检验一次。

15~28分:

对此你还不是很明确,所以没有及格。在观察爱猫时,你很难评判它所处的情绪状态以及它的感受。更细心地观察它,也许你就能发现它到底是谁、情绪又是怎样的。开始时,解读它的眼神(包括瞳孔的大小、耳朵的位置以及尾巴的摆放)很重要。假如能成功阐释这三大要素,你就不会误解爱猫的情绪和意图。

20~42分:

好极了！猫咪发出的所有视觉信号对你而言都不是什么秘密。不过，为了理解那些细微的动作从而更进一步地改善你们之间的沟通质量，可能你还需要再继续观察一下自己的或是其他的猫咪。

如果测试1、3或者1、3、5的总分低于10，就再仔细阅读一遍它们的答案解析。准确理解瞳孔的大小变化以及耳朵和尾巴的位置是至关重要的，否则你可能会徒劳地惹怒你的猫咪。比如当它无法再忍受你的触碰时，你还在继续抚摸它。

43~56分:

太棒啦！你和你的猫咪之间似乎有一种很好的默契。你的感觉一定格外敏感。总的来说，以这种对猫咪甚至是对一般动物的了解，你能够和它们保持适当又和谐的情感关系。

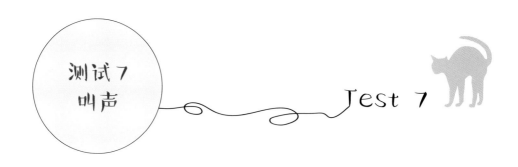

测试 7
叫声

Test 7

在每幅图下方的空白方框内标出右侧情景中与猫咪的叫声相符的序号。

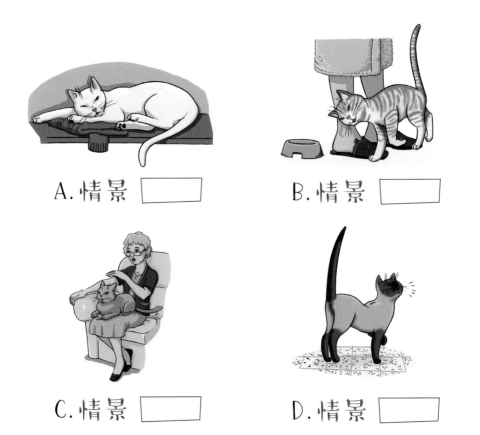

A. 情景 ☐

B. 情景 ☐

C. 情景 ☐

D. 情景 ☐

E. 情景 □

情　景
LES SITUATIONS

① 你的母猫连续不停地叫了两天，好像它在喊着谁。

② "喵……喵……"你的猫咪急切地要着什么。

③ 看见邻家猫咪进入花园，你的猫咪开口道："喵呜……"

④ 你的猫咪发觉你正在看它，就微微"笑着"，用尖细而不解的声音对你说出"喵……噢……"

⑤ "喵……呜……"你的猫咪提醒你它不想再让你抚摸了。

正确答案

每个正确答案计1分。把得到的分数加起来，再参阅第43和62页的解析。

❽Ⓐ④

你的猫咪感觉平静而喜悦时往往会发出细小的喵喵声；它的瞳孔变得狭长，眼睑半开半闭。这种轻微的叫声并不具备实际的交流功能；只是为了告诉你它在这里很好，一切都称心如意。我们可以翻译成："你好吗？我呀，我很好呢！"这是一种小型的交流仪式，可以"巩固"现有的情感纽带。

❽Ⓑ②

这些喵喵声很明显构建出一种迫切的需求：通常伴随着你下班回家时猫咪那种按捺不住的兴奋，以及迫不及待想要得到食物或爱抚的心情。这时的它，瞳孔放大，胡须和耳朵也都转向前方。

❽Ⓒ⑤

你的猫咪感到厌烦时，它希望没人打搅它，比如它不想让人继续抚摸它，就会在恐吓、撕咬、抓挠或逃离前用并不总能听得见的喵喵声来提醒你，非常简短。其他表现也可以让你了解到它的不悦：耷拉的耳朵、放大的瞳孔以及摇动的尾巴等。

母猫发情时的叫声十分独特，声音格外响亮，而且在发情期的两三天甚至八天期间可以持续不断：叫声嘶哑刺耳，好似痛苦的呻吟。自然界中，这些格外响亮的叫声是为了吸引它们周围的雄性。公猫在之后的相互争斗中也会发出这种叫声。

看见自己的地盘上待着另一只猫咪，你的猫咪生气了，于是采用了一个进攻姿势：拱圆后背呈倒U形，四肢绷紧，毛都竖起，瞳孔放大，两耳向后紧贴。它发出低沉的叫声，时而暗哑，时而响亮。它也会发出威吓声和吼叫声——我们称为"低声怒叫"。这种可怕的防御行为是为了给擅闯者施加压力，让它立刻停止脚步并尽快离开该领地。如果它不服从，你的猫咪就会追着把它赶出去……

喵……喵！
我是不是很可爱呀？

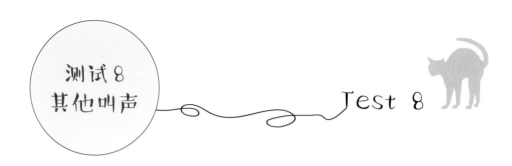

测试8
其他叫声

Test 8

在每幅图下方的空白方框内标出与右侧情景所描绘的相符的序号。

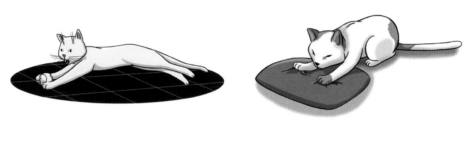

A.情景 _____

B.情景 _____

C.情景 _____

D.情景 _____

E. 情景

情　景
LES SITUATIONS

① 你的猫咪发出"呼噜呼噜"的声音。它眼睑半闭着，浑身放松，前爪轻轻揉搓着。

② 一只麻雀停在树枝上。你的猫咪在窗户后面观察它，开始轻声叫喊，它好像母鸡似的发出"咔咔咔！"的声音。

③ "吓……哈……"：瞳孔放大，耳朵向后紧贴，毛蓬炸着，它正对着刚刚踏入你家花园的邻家猫咪发出威吓声。

④ 它喘着气好像刚刚跑完一场马拉松，因为玩得太兴奋，目前它难以恢复正常呼吸。

⑤ "呼……"，你去抚摸朋友家的猫咪，一个并不总是很随和的家伙，它开始吐气，两耳微微向后。

正确答案

每个正确答案计1分。把得到的分数加起来，再参阅第43和62页的解析。

⑤🅐④

与狗不同，猫咪在大量运动过后或者天气炎热之时很少会气喘吁吁。其实，猫咪更喜欢保存体力。酷热期间，它会躲进凉爽的地方，藏在里面不出来。猫咪不是耐力型的长跑健将，而是爆发力型的冲刺选手：在捕猎时，它会只身奔向猎物并在瞬间将其抓获。然而，一只极度亢奋的猫咪可以不觉疲乏地玩到精疲力竭：累得上气不接下气了，才会躺下来喘息。

⑤🅑①

平静安逸地呼噜呼噜……多幸福呀！发出这种声音的猫咪很满足、很放松，在此之前可能会用爪子轻揉接触到的东西，甚至有点兴奋，就像小猫咪踩在妈妈肚子上吃奶一样。

⑤🅒②

这种本能而有趣的行为是在猫咪盯着一只落在窗台上的小鸟时所表现出来的。因为我们观察的猫咪大多生活在楼房里，它很少有机会在花园里捕鸟，所以这更是让人出乎意料。

😧D⑤

当猫咪试图与一个对它而言构成威胁的家伙拉开距离时，它便会用吐气的方式来恐吓对方。它也可能在伸出爪子或露出牙齿之前会发出"喵喵"声、叹气甚至"嗷"的恐吓声。

😧E③

当你的猫咪发出"嗷"的恐吓声时，威胁的意图是十分强烈的。假如激起这一反应的家伙跑得不够快，你的猫咪多半会攻击对方，也就是说会上前追赶抓挠甚至是撕咬对方。这类反应会出现在领地攻击行为中，也会在猫咪受到愤怒和害怕的刺激下看到。

我姓喵······布兰登·喵！

注释：Brandon（布兰登）通常是麻烦制造者的代名词，brandon 本意有纵火犯的意思，麻烦制造者是它的引申义。

我喵喵叫的时候，你在听吗？

你的成绩：

你细心聆听了爱猫吗？

统计在测试7和8中获得的总分并参阅相应的解析。

0～3分：

这个成绩说明你对猫咪的叫声及其含义并不了解。未来几天内仔细观察和聆听你遇到的所有猫咪，然后重新检验一次。

4～6分：

你对爱猫还是会存有误解。要完善你们之间在听觉上的联系，就应该更经常地听它倾诉、陪它说话。

7～10分：

非常好！你的听觉敏锐。总而言之，你对你的小萌猫发出的叫声及其他声音都很敏感。你非常了解它而且你一定跟它说了很多话。继续这样做吧！

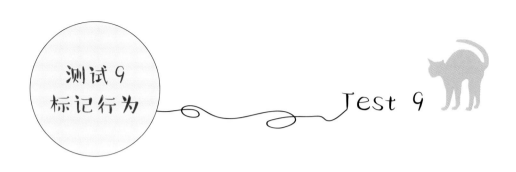

在每幅图下方的空白方框内标出 P46 的说法是对还是错。

A. 对还是错

B. 对还是错

C. 对还是错

D. 对还是错

E. 对还是错

F. 对还是错

G. 对还是错

情 景
LES SITUATIONS

A
① 你的猫咪在某个家具或物品上蹭来蹭去，它想表示自己在家里舒适惬意。这是一个具有安抚性的领地面部标记。
② 一只从来不在家具或物品上做标记的猫咪还停留在幼崽时期或者处于焦虑的状态。

B
③ 你的猫咪在你的腿上蹭来蹭去，它想让你知道它喜欢你衣服上的气味。

C
④ 你的猫咪用脑袋去蹭你家狗的脖子，这说明它已将其征服。

D
⑤ 当两只猫咪相互为对方理毛，这是一种亲密的行为，一种情感的仪式。

E
⑥ 非发情期间的尿液标记表示其状态良好。
⑦ 未被绝育的公猫会比已被绝育的做更多的尿液标记，特别是在其周围出现发情的母猫时。

F
⑧ 如果一只猫咪磨爪过多，是因为它非常紧张焦虑。
⑨ 一只猫咪在树干上磨爪，这表示它很想爬树，但又不敢。

G
⑩ 如果你的猫咪被你抱入怀中时经常散发臭味，这是因为它很害怕。其实，当猫咪害怕时，其肛腺由反射产生的分泌物会散发出一股难闻的气味。

正确答案

每个正确答案计1分。把得到的分数加起来，再参阅第51和62页的解析。

😺A（1—对，2—对）

面部标记总是一个具有安抚性的标记，暗示着舒适惬意，我们称之为亲密型标记。在某个物体上做标记可以让猫咪在自己领地的战略要地留下具有安抚性的荷尔蒙（又称信息素或外激素），这是一种信标系统。经常被标记的场所是墙角或者猫咪待的房间中心的家具上。它蹭来蹭去时，处于一种积极的情绪状态，即平静快乐。因此它要更新标记时，会在磨蹭之前，闻闻自己先前留下的气味，接着"再添一层"。

😺B（3—错），😺C（4—错）

在生物上做的面部标记也是一种具有安抚性的亲密型标记：我们称之为问候标记。你的猫咪靠着你的腿或是在你家狗的肩膀上蹭来蹭去，这是表示："你，我很喜欢你！"被标记的生命体会被你的猫咪认作一个朋友、一个让它平静安心的人而接受，在其身旁它感觉良好。这里同样是，它感到安心快乐时会做此标记。

😺D（5—对）

从第三周开始，幼猫就会对自己的兄弟和母亲做一种被我们称为问候梳洗（相互埋毛）的标记。这种独特的社会行为与互助梳理相似，但事实上，对于两只猫咪中的任一只，它具有相互安抚的作用。我们通常能看到那些一起长大的或者两只中年龄更小的对另一只猫咪做这样的标记。

图E（6-错，7-对）

尿液标记形成一种报警标记：这让你的猫咪宣告自己的存在，就像它在桌子上敲击手指一样。如果很不安或者很气恼——尤其是在一个陌生的环境中（比如搬迁后）——它可能尿在墙壁、家具或是沙发上，有时甚至是尿在那个打扰到它的人的衣服上。它站着，用自己的后肢轻轻踩踏，尾巴末端会抖动抖动。再把自己的后部转向墙壁或是家具，在上面喷射一股尿液。还有一种性尿液标记：在母猫发情期间，公猫也会排尿，因为这样就好像它留下了一种能让其他求偶者也读到的有气味的名片。在此之前，它会靠在垂直物体上磨蹭一番（做面部标记）。

图F（8-对，9-错）

你的猫咪在一个物体上磨爪子，那是它在留下视觉和嗅觉上的记号（脚垫分泌物的储存）。这个报警标记是给那些可能四处闲逛的同类们的提醒："当心！我就睡在离这儿不远的地方，所以别打扰我。否则我会追着咬你的屁股！"一只猫咪越是焦虑不安，它就越想磨爪子，尤其是在壁纸和沙发角上！

图G（10-对）

排放肛腺分泌物是一种典型的报警标记。肛腺，就在肛门旁边，它会在你的猫咪上厕所或者感到害怕时排空。无论在怎样的空间内，其分泌物所发散出的恶臭都是所有动物可以闻到的。这种让人恐惧的气味也可以被感知，比如，一只狗进入一家兽医诊所，在那里你的猫咪几分钟之前因为害怕排放了肛腺分泌物，所以这只狗也会变得更加警觉而开始惶恐不安起来。

哎，这就是猫的生活！

你的成绩：

你了解爱猫做的标记吗？

统计在测试9中获得的总分并参阅相应的解析。

0~3分：

你不知道猫咪的行为标记意味着什么，这真让人苦恼。其实，想正确解读猫咪的表达从而更好地与之交流，就真的要了解这些标记的含义。

4~6分：

你可以做得更好，不过你对标记的作用有一种准确的认知。重新阅读测试的答案解析，你就能获取你所欠缺的那部分知识。

7~10分：

太棒了！你非常熟悉猫咪的外激素语言。在这点上你对猫咪很有帮助，因为这样你就可以为你的猫咪提前感知某些让它紧张的情景从而帮助它更好地去克服。

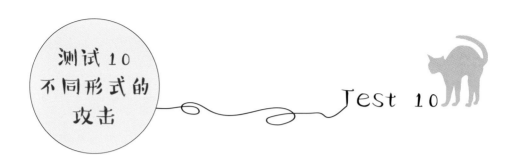

测试 10
不同形式的
攻击

Test 10

在每幅图下方的空白方框内标出P55和P56的说法是对还是错。

A. 对还是错

B. 对还是错

C. 对还是错

D. 对还是错

E. 对还是错

F. 对还是错

G. 对还是错

H. 对还是错

I. 对还是错

J. 对还是错

情 景
LES SITUATIONS

A
① 这只猫咪用摇动的尾巴来表达它有多高兴被抚摸。它还想让我们继续给它个拥抱。

② 应该立即停止与这只猫咪的一切接触从而让它放松下来，避免被咬伤。

B
③ 应当马上抓住它的脖颈并厉声训斥，让它明白谁才是一家之主。

④ 这是出于恼怒的断绝型攻击，其目的是为了断绝联系。

C
⑤ 这只猫咪正潜伏着，准备好向猎物猛扑过去。

⑥ 这只猫咪不愿意被人抚摸，它向靠近自己的这个家伙发出"嗷"的恐吓声以与之保持一定距离。

D
⑦ 通常，猫咪在抓挠过后不会立即撕咬。

⑧ 恼怒、害怕、沮丧或者痛苦都是激起出于恼怒的攻击因素。

E
⑨ 这只猫咪很害怕，它预感到一个巨大的危险，变得如同一只被围捕的野兽。

F ⑩ 这种攻击下的咬伤是轻微的。

情　景
LES SITUATIONS

F
⑪ 这是一种出于恐惧的攻击。
⑫ 为了避免受袭，应该抓住猫咪的脖颈并厉声训斥。

G
⑬ 这就是倒U形的姿势，猫咪之间领地攻击时的典型姿势。
⑭ 为了躲避猫咪的继续攻击，应该尽可能地迅速跑开。

H
⑮ 在这种攻击下，咬伤可能会很严重。
⑯ 一只猫咪在自己的地盘上感觉越好，它就越可能用这种方式来袭击任何闯入其中的不速之客。

I
⑰ 这只猫咪很害怕，它蜷缩着身子。
⑱ 一只正在玩耍的猫咪也可能采用这种姿势。
⑲ 为了避免这只猫咪猛扑啃咬小腿，我们可以给它扔个玩具逗它开心。

J
⑳ 这样的撕咬或抓挠并不一定很猛烈。

正确答案

　　每个正确答案计1分。把得到的分数加起来，再参阅第60和62页的解析。

☺A（1-错，2-对），☺B（3-错，4-对），☺C（5-错，6-对）和☺D（7-错，8-对）

　　猫咪由于恼火而发动的攻击是最常见的。被激怒时，为了与这个惹它生气的家伙断绝联系，它会恐吓、抓挠甚至撕咬——因此我们称为出于恼怒的断绝型攻击（图A和B）——又或许是为了与那个入侵分子保持一定距离——这就是出于恼怒的间离型攻击（图C和D）：

　　——出于恼怒的断绝型攻击是很常见的，比如猫咪中的"过抚型咬人者"：当猫咪被抚摸够了，它会突然用撕咬来中止接触。

　　——出于恼怒的间离型攻击也同样屡见不鲜。猫咪距那个令它不安的物体虽然有一段距离，但却感到害怕或烦躁，紧接着这种攻击也就防不胜防了。它会十分迅速地挠几爪子，就像拍几个小巴掌，通常都是些不起眼的抓挠：这个家伙（人类或动物）所做的都应被禁止。这时，让它不安的对象要停止靠近，甚至需要远离。假如还是一意孤行，猫咪就会实施抓咬。

　　如果感到焦虑，出于恼怒的攻击可能性就会急剧增高。其实，一只焦虑的猫咪是十分不安的，总是保持着警惕，感觉时刻受到威胁。假如你的猫咪袭击你，让它离开，千万不要打它，因为这会让你们的关系大打折扣，未来对你发起攻击的可能性还会再次提升。

图E（9-对）和图F（10-错，11-对，12-错）

出于恐惧的攻击会非常猛烈，因为猫咪不再自我克制，它们觉得自己已陷入绝境，无路可逃。它深感恐慌，似乎面临致命危险。它会毫无克制地吼叫着撕咬。偶尔还会又尿又拉，这是一种失控的表现。无论如何，不要去惩罚处于这种状态下的猫咪，也不要去打它，因为这样只会加深它的恐惧，提高这种情况再次发生的风险。

图G（13-对，14-错）和图H（15-对，16-错）

领地攻击行为涉及任何进入猫咪领地的入侵者。当然，是猫咪把这个家伙认作入侵者，但并不一定是这样。猫咪在领地攻击时的姿势是很有特点的：身体呈倒U形，毛和尾巴都竖起来，耳朵紧贴向后，它像螃蟹一样侧着走路，并发出"嗷"的恐吓声。

通常，一旦猫咪意识到没有什么可害怕的，它就会放松，再舔舔背上的毛，静静地做自己的事。相反，如果它固执己见，坚持认为"入侵者"没有退缩，那将会以攻击告终：猫咪会向这位不速之客发起进攻，追着撕咬直到把它"送"出自己的地盘。为了避免你的猫咪摆出这种姿势来攻击你，你应该呼唤它的名字让它认出你并恢复放松。

图I（17—错，18—对，19—对）和图J（20—对）

捕食攻击由两个阶段组成：第一阶段对于"猎物"而言常常是看不出来的，因为猫咪藏了起来，潜伏着，意图突袭它。一旦它经过附近，猫咪就跳起来咬住它。假如是一只老鼠或一只鸟，用不了多久它就会命丧其口。假如"猎物"是走动着的人的小腿，撕咬可能会很用力从而留下痕迹。注意：一只猫咪去抓主人的小腿，这是不正常的。当然，如果我们集中在脚的动作上，它可能很像一只兔子的小跳，但猫咪不应该对主人有这种行为。那为什么会出现这样的情况呢？要回答这个问题，需要区分两种情况：

——在第一种情况下，猫咪的确是在潜伏，不过看起来它其实是在玩耍。事实上，在这个游戏中，猫咪是在模拟一次攻击行动，但这个行动并不完整，它会控制自己的爪子和牙齿。猫咪扮演捕食者的游戏场景经常发生在每天的夜晚，这时它的警惕性会提高，神经也会更紧张，这与自然界中小型食肉动物或夜间啮齿动物活跃起来的时刻相对应。另外，猫咪在饥饿或极度亢奋时，它的神经也会变得越发紧张。

——在第二种情况下，猫咪真的在咬小腿，而且咬得很深。这种情况十分反常：说明猫咪在未能充分判断当前的真实情形时就失去控制。任何好似猎物的移动都会挑起它的进攻，所以它的撕咬也是毫无控制的。如果你的猫咪有这样的反应，它很可能处于焦虑不安或极度亢奋的状态中。

你的成绩：
你了解不同形式的攻击吗？

统计在测试10中获得的总分并参阅相应的解析。

0~5分：

哎呀，你不了解为什么猫咪会变得那么有攻击性，而且你也不知道怎样做出反应。可能你还从未遇到过爱咬人或爱抓人的猫咪，因此你不会去思考这个问题……那更好呀！尽管如此，仔细阅读这套测试的答案解析，更好地观察自己周围的猫咪（此处是指你的猫咪），几天后再重新测试一遍，这些也都是非常重要的，因为总有一天你会面对这种情形。所有这些基础知识都能帮助你更进一步地了解你的猫咪所表达的情感，也能让你更好地和它交流。

6~11分：

从总体来看，你非常理解猫咪如何以及为何变得具有攻击性，但是为了能和你的猫咪更好地共处，应该继续完善你的知识。不要犹豫是不是应该表现同理心，也就是说要试着站在你家猫咪的立场上去想象它生活的世界是怎样的，它可能会感觉到什么，它又为什么会这样做出反应。

12~17分：

祝贺你！你非常清楚为什么猫咪会抓咬及如何去平息这一局势。要么你关注它们已久，所有的答案对你都显而易见；要么就是你很敏感，你所表现出的同情心通常可以让你很好地理解动物，尤其是你的猫咪。

对不住了小子，
一屋不容二猫呀！！

最终成绩:

你理解爱猫吗?

如果你完成了本书中的10套测试,把所得分数加起来,看看你是否能正确解读爱猫发出的信号……

0~32分:

哎呀!分数太低了,好像你以前从未和猫咪生活过。你无法用它们的语言同它们"交谈"。

假如你有一只猫咪或者你想收养一只,就真的需要搜集资料来摸透它的生活规律。否则,你可能会弄错它的意图、误会它,以致让它不开心。

我建议你重新阅读这本书的第一部分和每套测试相应的答案解析从而对其中的信息融会贯通。一边回想所有这些信息一边仔细观察你周围的猫咪,几天之后再进行测试。

32~63分:

中等成绩:你可以做得更好!进一步理解你的猫咪为什么要用这样或那样的姿态,这很重要。其实,你对它的理解更多,你们的关系就会更融洽。试着站在它的角度上去感受它的情绪,这一定会对你有帮助。

太好了！你非常了解你的猫咪，而且能真切地体会到它的感受。你的猫咪和你生活在一起想必很幸福。总而言之，你和它已经是"心心相印"了（你们之间可谓是心照不宣了）！继续这样的状态吧！

假如你家里还没有猫咪，建议赶紧去拥有一只，因为你有让猫咪幸福的能力。

公关达"人"，就是我！

图书在版编目（CIP）数据

猫在想什么：通用喵星语解读图鉴／（法）瓦蕾莉
•塔玛编著；袁阳译. -- 北京：中国农业出版社，
2021.3

ISBN 978-7-109-26772-5

Ⅰ．①猫… Ⅱ．①瓦… ②袁… Ⅲ．①猫－驯养
Ⅳ．①S829.3

中国版本图书馆CIP数据核字（2020）第059840号

Title: Parlez le miaou en 10 leçons
By Valérie Dramard
© First published in French by Rustica, Paris, France – 2013
Simplified Chinese translation rights arranged through Dakai – L'agence

本书中文版由法国弗伦吕斯出版社授权中国农业出版社独家出版发行，本书内容的任何部分，事
先未经出版者书面许可，不得以任何方式或手段刊登。

合同登记号：图字 01-2019-6734 号

猫在想什么：通用喵星语解读图鉴

MAO ZAI XIANG SHENME: TONGYONG MIAOXINGYU JIEDU TUJIAN

中国农业出版社出版
地址：北京市朝阳区麦子店街 18 号楼
邮编：100125
责任编辑：黄 曦
责任校对：吴丽婷
印刷：北京缤索印刷有限公司
版次：2021 年 3 月第 1 版
印次：2021 年 3 月北京第 1 次印刷
发行：新华书店北京发行所
开本：710mm×1000mm 1/16
印张：4
字数：100 千字
定价：29.80 元